中华医学会灾难医学分会科普教育图书

图说灾难逃生自救丛书

矿难

丛 书 主 编　刘中民
分 册 主 编　李树峰
分册副主编　杨大明

绘 图
11m数字出版

U0391622

 人民卫生出版社

图书在版编目（CIP）数据

矿难 / 李树峰主编 . —北京：人民卫生出版社，2014.5
（图说灾难逃生自救丛书）
ISBN 978-7-117-18736-7

Ⅰ.①矿… Ⅱ.①李… Ⅲ.①矿山事故 – 自救互救 –
图解 Ⅳ.①TD77-64

中国版本图书馆 CIP 数据核字（2014）第 045756 号

人卫社官网	www.pmph.com	出版物查询，在线购书
人卫医学网	www.ipmph.com	医学考试辅导，医学数据库服务，医学教育资源，大众健康资讯

图说灾难逃生自救丛书
矿 难

主　　编：李树峰
出版发行：人民卫生出版社（中继线 010-59780011）
地　　址：北京市朝阳区潘家园南里 19 号
邮　　编：100021
E - mail：pmph @ pmph.com
购书热线：010-59787592　010-59787584　010-65264830
印　　刷：北京铭成印刷有限公司
经　　销：新华书店
开　　本：710×1000　1/16　　印张：6
字　　数：114 千字
版　　次：2014 年 5 月第 1 版　2019 年 2 月第 1 版第 3 次印刷
标准书号：ISBN 978-7-117-18736-7/R · 18737
定　　价：30.00 元
打击盗版举报电话：010-59787491　E-mail：WQ @ pmph.com
（凡属印装质量问题请与本社市场营销中心联系退换）

丛书编委会

（按姓氏笔画排序）

王一镗　　王立祥　　叶泽兵　　田军章　　刘中民　　刘晓华
孙志杨　　孙海晨　　李树峰　　邱泽武　　宋凌鲲　　张连阳
周荣斌　　单学娴　　宗建平　　赵中辛　　赵旭东　　侯世科
郭树彬　　韩　静　　樊毫军

遵章守纪绝事故，安全生产创和谐。

矿难事故猛于虎，防范避灾保平安。

序 一

我国地域辽阔,人口众多。地震、洪灾、干旱、台风及泥石流等自然灾难经常发生。随着社会与经济的发展,灾难谱也有所扩大。除了上述自然灾难外,日常生产、生活中的交通事故、火灾、矿难及群体中毒等人为灾难也常有发生。中国已成为继日本和美国之后,世界上第三个自然灾难损失严重的国家。各种重大灾难,都会造成大量人员伤亡和巨大经济损失。可见,灾难离我们并不遥远,甚至可以说,很多灾难就在我们每个人的身边。因此,人人都应全力以赴,为防灾、减灾、救灾作出自己的贡献成为社会发展的必然。

灾难医学救援强调和重视"三分提高、七分普及"的原则。当灾难发生时,尤其是在大范围受灾的情况下,往往没有即刻的、足够的救援人员和装备可以依靠,加之专业救援队伍的到来时间会受交通、地域、天气等诸多因素的影响,难以在救援的早期实施有效救助。即使专业救援队伍到达非常迅速,也不如身处现场的人民群众积极科学地自救互救来得及时。

为此,中华医学会灾难医学分会一批有志于投身救援知识普及工作的专家,受人民卫生出版社之邀,编写这套《图说灾难逃生自救丛书》,本丛书以言简意赅、通俗易懂、老少咸宜的风格,介绍我国常见灾难的医学救援基本技术和方法,以馈全国读者。希望这套丛书能对我国的防灾、减灾、救灾工作起到促进和推动作用。

刘中民 教授

同济大学附属上海东方医院院长
中华医学会灾难医学分会主任委员
2013年4月22日

序 二

　　我国现代灾难医学救援提倡"三七分"的理论：三分救援，七分自救；三分急救，七分预防；三分业务，七分管理；三分战时，七分平时；三分提高，七分普及；三分研究，七分教育。灾难救援强调和重视"三分提高、七分普及"的原则，即要以三分的力量关注灾难医学专业学术水平的提高，以七分的努力向广大群众宣传普及灾难救生知识。以七分普及为基础，让广大民众参与灾难救援，这是灾难医学事业发展之必然。也就是说，灾难现场的人民群众迅速、充分地组织调动起来，在第一时间展开救助，充分发挥其在时间、地点、人力及熟悉周围环境的优越性，在最短时间内因人而异、因地制宜地最大程度保护自己、解救他人，方能有效弥补专业救援队的不足，最大程度减少灾难造成的伤亡和损失。

　　为做好灾难医学救援的科学普及教育工作，中华医学会灾难医学分会的一批中青年专家，结合自己的专业实践经验编写了这套丛书，我有幸先睹为快。丛书目前共有 15 个分册，分别对我国常见灾难的医学救援方法和技巧做了简要介绍，是一套图文并茂、通俗易懂的灾难自救互救科普丛书，特向全国读者推荐。

王一镗

南京医科大学终身教授

中华医学会灾难医学分会名誉主任委员

2013 年 4 月 22 日

我国是煤炭大国，目前，我国煤炭占能源总消费的 60%～70%。由于煤矿是在地下生产，容易受到瓦斯爆炸、煤尘爆炸、井下火灾、井下水灾和顶板塌落等多种灾害因素的影响，造成人员伤亡甚至矿难。

矿难的发生具有突然性、群体性、复杂性和灾难性的特点。因此，加强煤矿安全生产的管理和灾难预防措施，提升矿工对安全事故防范的技能以及加强矿工自救互救知识的培训，具有十分重要的意义。

我们精心编制了这本《图说灾难逃生自救丛书：矿难》分册，期望能对广大矿工以及煤矿管理者熟悉和掌握矿难逃生避险和自救互救的知识与方法起到积极的作用，也可作为矿山医务工作者进行矿工培训的借鉴和参考。

衷心祝福我们的矿工兄弟平安、健康、幸福！

李树峰

山西省晋煤集团总医院

2014 年 2 月 17 日

目　录

认识矿难

中国矿难统计数据

据国家安全生产监督管理总局统计,2011 年,全国发生煤矿事故 1201 起,全年实际死亡人数 1973 人,煤炭百万吨死亡率从 2002 年的 4.97 降到 2011 年的 0.56。

2011 年煤矿事故死亡人数首次降至 2000 人以内,2012 年我国煤矿事故死亡人数下降至 1500 人以内。

2012 年,全国 26 个产煤地区中,有 18 个地区煤矿事故死亡人数下降,河南、广西、贵州和宁夏 4 个地区的下降幅度均在 60% 左右;北京、广西、青海和宁夏 4 个地区未发生较大及以上煤矿事故。

截至 2012 年,我国矿难死亡人数连续 9 年下降。

认识矿难

　　矿难是指在采矿过程中发生的事故,常见的矿难有:瓦斯爆炸、煤尘爆炸、瓦斯突出、透水事故、矿井火灾及顶板塌方等。2003年,中国生产了全世界约35%的煤,但煤矿事故死亡人数却占约全世界矿难死亡人数的80%。认识矿难能帮助我们从原因上了解矿难的发生,从而有利于在生产中避免事故的发生。

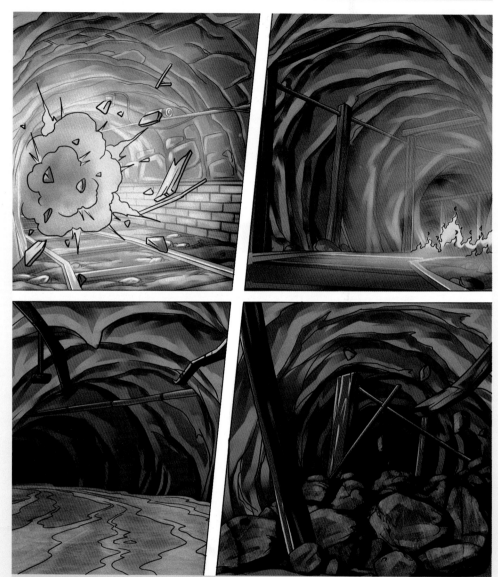

　　矿难是指在采矿过程中发生的事故,其危险性极大。
　　生产中常见的矿难有瓦斯爆炸、煤尘爆炸、瓦斯突出、透水事故、矿井火灾、顶板塌方及运输事故等。

　　矿井发生事故后,矿山救护队不可能立即到达现场,因此,现场人员应积极采取措施进行自救和互救,这是力求保护自己、救助别人及防止事故扩大的根本举措。

　　因此,矿井从业者必须学会矿难的自救和互救。

  自救是指人们处在一个危险的环境中,在无他人的帮助和扶持下,关键时刻应用智慧求生存,保持镇静想办法,靠自己的力量脱离险境。

  矿难自救就是井下发生意外灾变时,在灾区或受灾变影响的区域内的每个工作人员进行避灾和保护自己。

　　互救是指已经脱险的人和专业的抢险营救人员对压埋在废墟中的人进行营救。

　　互救是在有效进行自救的基础上,去救护灾区内的其他受伤人员。

◉ **如何做好自救互救工作**

首先,平时有计划地对矿工进行所在矿井的灾害预防教育,使工人牢固树立以预防为主的思想。

其次,矿工应熟悉各种自救互救方法,熟悉各种灾害事故发生的预兆、性质、特点和避灾方法,熟练使用自救器。

◉ 煤尘爆炸

　　煤矿井下发生的煤尘爆炸，对人体有很强的杀伤力。爆炸瞬间，可使爆炸现场升温高达 2000℃以上，并且产生强烈的冲击波，散发出大量有毒气体。对人体的伤害主要是煤尘爆炸产生的有害气体和缺氧引起的中毒和窒息，其次为爆炸冲击波和高温火焰。所以，发生煤尘爆炸时，自救措施要果断及时、方法得当，尽可能减少伤残和死亡的发生。

　　煤尘爆炸的发生有3个条件:煤尘浓度达到爆炸界限,一般为45~2000克/立方米,井下空气中氧气含量充足和存在引爆热源。在矿井中完全杜绝引爆热源非常困难,所以能否引发煤尘爆炸主要取决于开采煤层的煤尘爆炸性和游离在井下空气中的煤尘浓度。

◉ **煤尘爆炸的防范**

（1）防尘措施：煤体注水、采空区灌水、使用水炮泥、喷雾洒水、湿式打眼、调整风速及清扫积尘等。

（2）防爆措施：防止火源、撒布岩粉等。

（3）隔爆措施：岩粉棚、水棚、自动防爆棚及隔爆水幕等。

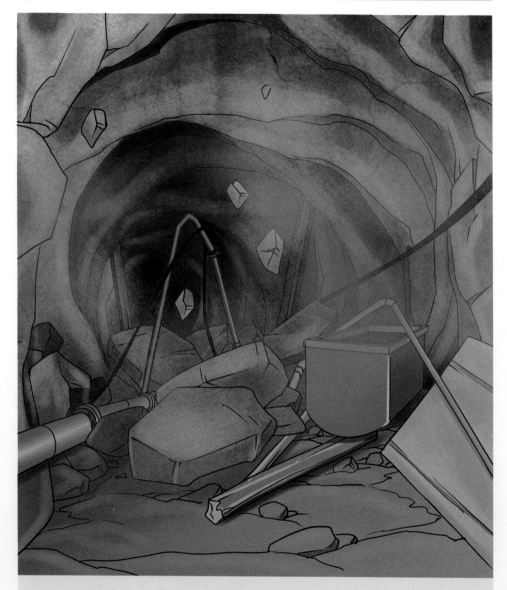

◉ 井下冒顶事故

冒顶是顶板失控而自行冒落的现象。片帮指矿井作业面、巷道侧壁在矿山压力作用下变形、破坏而脱落的现象。二者常同时发生,是采矿作业中最常见的事故。

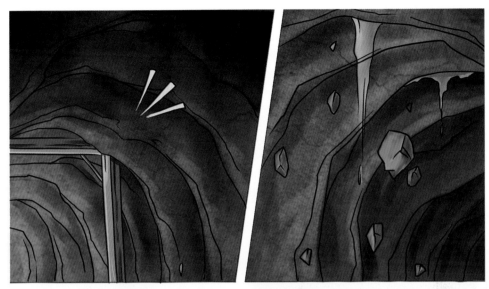

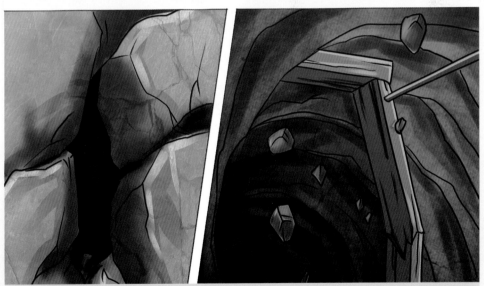

◉ **冒顶事故的防范**

　　冒顶的预兆:①有响声;②漏顶;③片帮:裂缝增大,有时出现台阶下沉;④脱层;⑤支架变形。

◉ **矿井火灾事故**

　　矿山地面或井下火灾事故发生时,对人体造成的伤害包括火焰的直接烧伤以及产生的有毒有害气体的间接伤害。

◎ **火灾事故的防范**

井下火灾的预兆：①巷道内空气温度和水温比正常情况下高；②煤体及围岩发热；③巷道围岩出现煤焦油现象；④空气中有煤焦油味；⑤巷道风流中以及围岩出现烟雾；⑥有一氧化碳出现，其浓度呈上升趋势，而氧气浓度呈下降趋势，二氧化碳浓度呈上升趋势。

◉ **透水事故**

　　矿井在建设和生产过程中,地面河水、地下河水或老窑水通过裂隙、断层、塌陷区等各种通道涌入矿井,当矿井涌水超过正常排水能力时,将造成矿井水灾,通常称为透水或穿水。

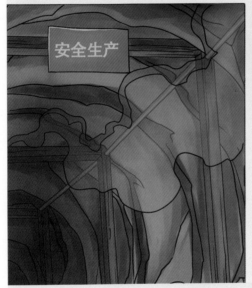

◉ 透水事故的防范

透水的预兆：①巷道壁或煤壁"挂汗"（这是由于压力水渗过小裂隙凝聚在煤层或岩石表面而形成了小水珠）；②煤层变冷；③淋水加大；④出现压力水流（此时应观察水流情况：出水清净则表明水源尚远，若出水混浊，则表明水源较近）；⑤有害气体增加；⑥巷道壁或煤壁挂红，酸度大，水味发涩，有臭鸡蛋味；⑦煤壁发潮发暗；⑧采掘工作面温度下降（可见到淡淡的雾气，使人感到阴凉）。

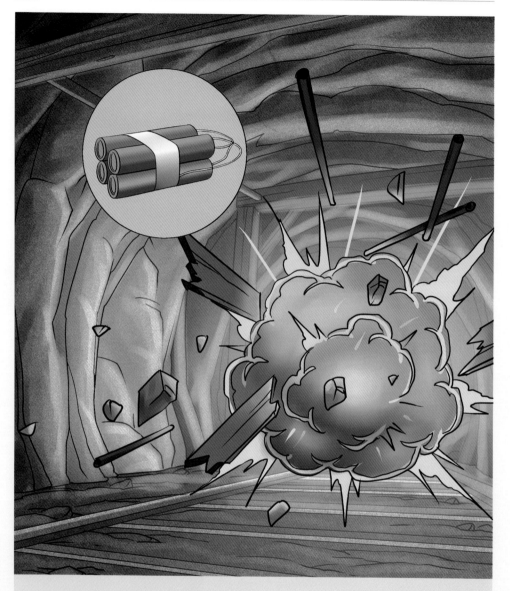

◎ **雷管爆炸**

雷管爆炸后碎片击中人体造成损伤,受伤部位以头面、眼、颈和手等部位多见,常伴出血、创面不整齐、异物较多,处理较困难;爆炸后的冲击波使人体被抛掷着地或碰到坚硬物体而致伤。人体重要部位的损伤常导致严重后果。

◉ **井下中暑**

热害是矿井生产向深部发展过程中不可避免的。矿井的特殊高温环境以及高强度劳动,使矿工易发生中暑,重度中暑者可出现神志障碍、抽搐,甚至昏迷、猝死。

◉ **瓦斯突出**

　　瓦斯突出是煤与瓦斯突出的简称,是指在压力作用下,破碎的煤与瓦斯由煤体内突然向采掘空间大量喷出,给采矿者带来危险,也是矿难的主要类型之一。

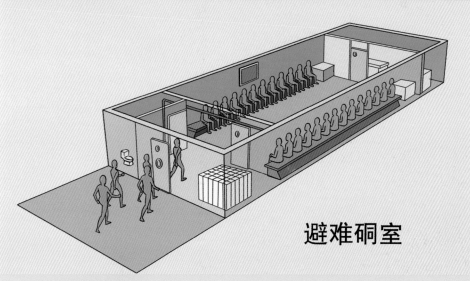

避难硐室

◎ 瓦斯突出的防范

（1）防止瓦斯积聚。

（2）控制瓦斯引爆火源。

（3）加强瓦斯的检查与检测。

（4）有防止灾害扩大的措施。

若路线较长，且有烟雾，一氧化碳浓度较高，无法佩戴自救器逃生，应设置避难硐室进行自救。

◉ **运输事故**

运输事故是指矿井运输设备(设施)的过程中发生的事故。

矿井运输系统线路长、涉及面广,贯穿于煤矿生产的各个环节,是矿井运输事故产生的重要原因。

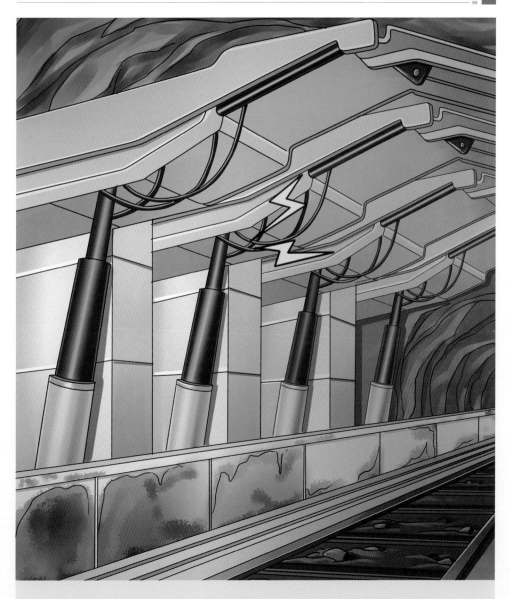

◉ **机电事故**

　　机电事故是指机电设备(设施)导致的事故,包括设备在安装、检修和调试过程中发生的事故。

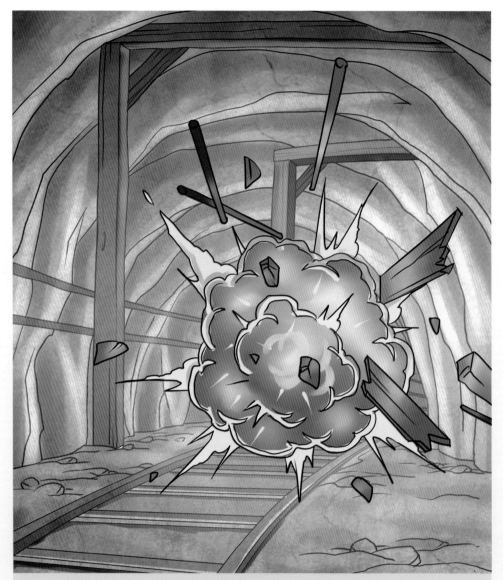

◉ 瓦斯爆炸

瓦斯与空气混合达到一定浓度,在高温或遇火的条件下可急剧燃烧,产生爆炸事故。瓦斯爆炸的浓度界限为 5% ~ 16%,但这并不是固定不变的,受氧气浓度、温度以及煤尘、其他可燃性气体、惰性气体混入等因素的影响。瓦斯爆炸扬起大量煤尘并使之参与爆炸,产生更大的破坏力;爆炸后生成大量的有害气体,可造成人员中毒死亡,是煤矿生产中最严重的灾害。

矿难逃生常识

　　矿难发生时，井下现场自救应遵守"灭、护、撤、躲、报"的五字原则。灭：把事故消灭，消除危险；护：无法消灭时，保护生命；撤：无法消灭时，尽快撤出灾区；躲：无法撤退时，躲避待援；报：及时报告灾情。有关从业者都要接受自救教育和培训，安全无小事，生命无小事。

◉ **现场抢救和组织**

现场有序的组织是成功营救的重要环节。矿难事故发生后,由在场负责人或有经验的老工人迅速组织形成抢险领导组,进行统一指挥,严禁冒险蛮干、各行其是和单独行动;保持情绪稳定,避免惊慌失措,防止中毒、窒息、爆炸、触电和顶板二次垮落等再生事故的发生。

◉ 灭

根据灾情和现场条件,在保证安全的前提下,采取积极有效的措施,将事故消灭在初始阶段或控制在最小范围,最大程度地减少事故造成的伤害和损失。

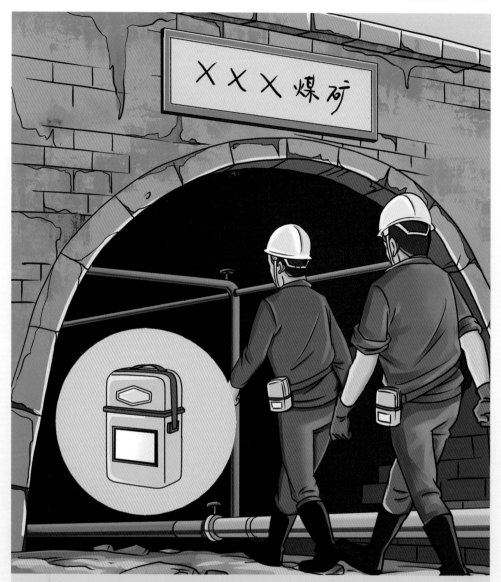

◎护

　　当事故造成自己所在地点的有毒有害气体浓度增高,可能危及生命安全时,及时进行个人安全防护,佩戴自救器或用湿毛巾捂住口鼻等。

　　自救器是一种个人呼吸保护装备。当井下发生火灾、爆炸、瓦斯突出等事故时,供人员佩戴免于中毒或窒息。

◉ **自救器使用时的注意事项**

（1）自救器是发生灾害时佩戴逃生的专用装备，非灾害情况下禁止打开使用。

（2）戴上自救器后，其外壳逐渐变热，吸气温度逐渐升高，表明自救器工作正常。绝不能因为吸气干热而自行拿掉自救器。

（3）化学氧自救器佩戴初期生氧剂放氧速度比较慢，如果条件允许（没有爆炸、被烧、被埋及被堵危险时），应尽量缓慢行走，等氧气足够呼吸时再加快行进速度。

（4）佩戴过程中口腔产生的唾液可以咽下，也可任其自然流入口水盒降温器，绝不可拿下口具往外吐。

（5）在未到达可靠的安全地点前，严禁取下鼻夹和口具，以防吸入有害气体。

◉ 撤

当事故现场不具备抢险的条件,或有可能危及人员的安全时,应由有经验的老工人带领,根据预案中规定的撤退路线和实际情况,尽量选择安全条件最好、距离最短的路线,迅速撤离危险区域。

在撤退时,要听从指挥,使用防护用品和器具;团结互助,先人后己,主动承担工作任务,照料好伤员;遇有积水区、垮落区等危险地段,先探明情况。撤离时,不要惊慌失措、大喊大叫、四处乱跑。

◉ 躲

如无法撤退(通路冒顶阻塞,在自救器有效工作时间内不能到达安全地点等)时,应迅速进入预先筑好的永久避难硐室或就近快速构建临时避难硐室,妥善避灾,等待矿山救护队的援救,切忌盲动。

◎ **避难硐室**

　　避难硐室是供矿工在遇到事故时无法撤退而躲避待救的设施,分永久避难硐室和临时避难硐室。永久避难硐室事先设在井底车场附近或是在采区工作地点安全出口路线上;临时避难硐室是利用独头巷道、硐室或两道风门之间的巷道,由灾区避灾人员临时就地取材构建的,可以利用木材、黏土、砂子、砖、衣服等材料临时构建,以减少有害气体侵入。

◉ 避难硐室内避难的注意事项

(1)在进入避难硐室前,应在硐室外留有衣物、矿灯等明显标志,以便救护队发现。

(2)待救时要保持安静,不急躁,尽量俯卧于巷道底部,以保持体力,减少氧气消耗,避免吸入更多的有毒有害气体。

（3）硐室内只留一盏矿灯照明，其余矿灯全部关闭，以备再次撤退时使用。

（4）间断敲打铁器或岩石等发出呼救信号。

（5）全体避灾人员要团结互助，坚定信心。

（6）被水堵在上山时，不要向下跑出探望。水被排走露出棚顶时，也不要急于出来，以防发生二氧化碳、硫化氢等气体中毒。

（7）看到救护队员后，不要过分激动，以防突发心脑血管疾病。

（8）如果待救时间长，遇救后不要过多食用食品和饮水以及见强光，以防损伤消化系统和眼睛。

◎ 报

矿难发生之后，发现和报告是赢得更有力救援和减少伤亡的关键因素。事发地点附近的作业人员应尽量了解或判断事故性质、地点和灾害程度，迅速利用最近处的电话或其他方式向矿调度室汇报，并迅速向事故波及的区域发出警报，使其他工友尽快知道灾情。在汇报灾情时，要将看到的异常现象、听到的异常声响、感觉到的异常冲击如实汇报，不能凭主观想象判定事故性质，以免给决策者造成错觉，影响救灾。

矿 难 自 救

　　面对矿难，人们往往会措手不及，甚至大脑一片空白，很容易处于慌乱之中，不知如何逃生自救。有关法规明确规定，矿山每年必须进行一次灾害演习，相关人员必须熟悉并掌握应急预案，学习各种自救措施。只有真正掌握这些技能，才能在灾难真正来临时保护自己。

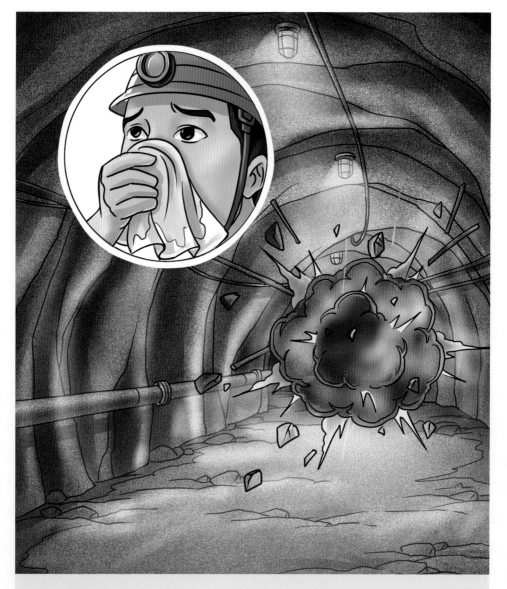

◉ **煤尘爆炸的自救**

　　（1）煤尘爆炸后，立即戴好自救器。如没有准备自救器，最好用湿毛巾快速捂住口鼻，就地卧倒，如边上有水坑，可侧卧于水中。

　　（2）听到爆炸时，应赶快张大口，并用湿毛巾捂住口鼻，避免爆炸所产生的强大冲击波损伤耳膜，造成永久性耳聋。

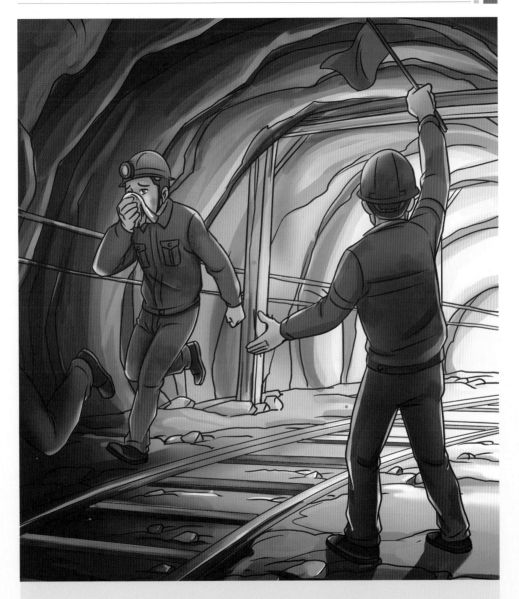

　　(3) 煤尘爆炸后,切忌乱跑,井下人员应在统一指挥下,镇定情绪,向有新鲜风流的方向撤退或躲进安全区,注意防止二次爆炸或连续爆炸的再次损伤。

　　(4) 在可能的情况下,撤离险区后及时向井下调度、矿调度和局调度报告。

◉ **埋压后的自救**

（1）矿难发生后，被埋者应尽量改善自己所处的环境，稳定下来，创造条件及时排除险情，保存生命，等待救援，设法脱险。

（2）冒顶后被埋压，周围一片漆黑，只有极小的空间，此时千万不要惊慌，要沉着，要有生存的信心，相信会有人来营救，要千方百计保护自己。

　　(3) 保持呼吸道畅通,设法将双手从压塌的煤块中抽出来,清除头部、胸前的杂物和口鼻的煤尘,同时避免再次被砸伤;闻到有害气体时,用湿衣服等物捂住口鼻。

　　（4）矿难发生后应设法脱离险境,如果找不到脱离险境的通道,尽量保存体力,用煤块敲击能发出声响的物体,向外发出呼救信号。不要哭喊、急躁和盲目行动,这样会大量消耗精力和体力,尽可能控制自己的情绪或闭目休息,等待救援人员到来。如果受伤,要想办法包扎,避免流血过多。

（5）维持生命：如果被埋时间比较长，救援人员未到或者没有听到呼救信号，就要想办法维持自己的生命。尽量寻找食品和饮用水，并有计划地节约使用。饮用井下水时，应沉淀澄清或用衣物过滤后再饮用，必要时甚至可以用自己的尿液解渴。

◎ **火灾的自救**

（1）火灾发生时，常会产生对人体有毒有害的气体，应尽量选择上风处停留或以湿的毛巾或口罩保护口鼻及眼睛，避免有毒有害烟气侵害。如身上衣物着火，可以迅速脱掉衣物，或者就地滚动，以身体压灭火焰，还可以跳进水坑将身上的火熄灭，总之要尽量减少身体烧伤面积，减轻烧伤程度。

（2）尽最大可能迅速了解或判明事故的性质、地点、范围和事故区域的巷道情况，通风系统、风流及火灾烟气蔓延的速度、方向等，根据现场的实际情况确定撤退路线和避灾自救的方法。

（3）应在现场负责人及有经验的老工人的带领下有组织地撤退。位于火源进风侧的人员，应迎着新鲜风流撤退，千万不能顺风流撤退。

　　(4) 位于火源回风侧的人员或是在撤退途中遇到烟气有中毒危险时,应迅速戴好自救器,顺着风流尽快从回风出口撤到安全地点。

　　(5) 如果在自救器有效作用时间内不能安全撤出时,应在设有储存备用自救器的硐室换用自救器后再行撤退,或是寻找有压风管路系统的地点,以压缩空气供呼吸之用。

　　（6）撤退行动既要迅速果断，又要避免慌乱。随时注意观察巷道和风流的变化情况，谨防火风压可能造成的风流逆转。

　　（7）如果无论是逆风或顺风撤退，都无法躲避着火巷道或火灾烟气可能造成的危害，则应迅速进入避难硐室；没有避难硐室时应在烟气袭来之前选择合适的地点（独头巷或硐室、两道风门之间），就地利用现场条件，快速构建临时避难硐室，进行避灾自救。

　　（8）逆烟撤退很危险，一般情况下不要这样做。除非是在附近有脱离危险区的通道出口，且有脱离危险区的把握时；或是只有逆烟撤退才有争取生存的希望时，才采取这种撤退方法。

　　（9）撤退途中，如果有平行并列巷道或交叉巷道时，应靠有平行并列巷道和交岔口一侧撤退，并随时注意这些出口的位置，尽快寻找脱险之路。在烟雾大、视线不清的情况下，摸着巷道壁前进，以免错过联通出口。

　　（10）当巷道里烟雾流动时，一般上部空间烟雾浓度大、温度高、能见度低，而有时巷道底部还有新鲜的低温空气流动。因此撤退时，不要直立奔跑，而应尽量躬身弯腰，低着头快速前进。视线不清时，应尽量贴着巷道底板和巷壁，摸着铁道或管道等爬行撤退。

　　注意利用巷道内的水，浸湿毛巾、衣物或向身上淋水等办法进行降温，或是利用随身物件等遮挡头部，以防高温烟气刺激。

◎ **冒顶事故后的自救**

（1）冒顶事故发生后,作业人员要尽一切努力争取自行脱离事故现场。无法逃脱时,要尽可能把身体藏在牢固支柱或整块岩石架起的空隙中,防止再受到伤害。

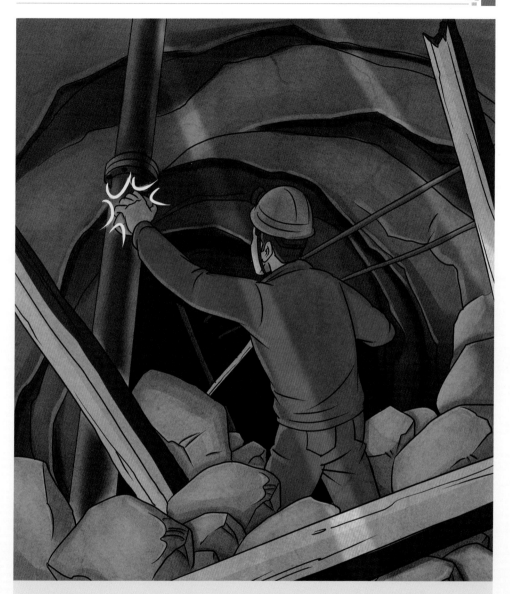

　　（2）当大面积冒顶堵塞巷道时,作业人员如被堵塞在工作掌子面,应沉着冷静,只留一盏灯供照明使用,并用铁锹、铁棒、石块等不停地敲打通风、排水的管道,向外报警,使救援人员能及时发现目标,准确迅速地展开抢救。

（3）被埋住的人员，不要猛烈挣扎，以免扩大事故，要在保证安全的前提下开展自救和互救。

（4）遇险人员地点有压风管，可打开压风管输送新鲜空气，稀释被堵空间的瓦斯含量。

（5）遇险人员应正视现状，迅速组织起来，听从班组长和老工人的指挥，开展自救和互救，并尽量减少体力和氧气消耗，有计划地使用饮用水、食物和矿灯，做好长时间避灾的准备。

◉ **一氧化碳中毒后的自救**

　　如出现头痛、耳鸣、心跳加快、四肢无力、呕吐、流鼻涕、呼吸困难、剧烈咳嗽及流泪等症状，必须迅速戴好自救器；若没有自救器，必须用毛巾或衣服浸水后捂住口鼻撤离至新鲜风流处。在可能的情况下，撤离险区后要及时向调度室汇报。中毒者如已失去撤离现场的能力，应仰头俯卧在水沟中，用毛巾、口罩、衣服等浸湿后遮住口鼻等待救援。

◉ **透水的自救**

（1）透水前常有先兆，例如煤层往往发潮发暗，巷道壁或煤壁上有小水珠，工作面温度下降、变冷，煤层变凉，工作面出现流水和滴水现象，工作时能听到水的嘶嘶声等。发现这些透水征兆，要组织人员迅速、有序地撤离，躲到安全地点。

　　（2）地下矿藏开采后，留下一些采空区，这些采空区后来被水充满，这种矿井积水称为老空水。老空水常为矿井水灾事故的主要原因，其水压大，一旦掘透，来势凶猛，破坏力强，但涌水持续时间短，易疏干。老空水酸度大，不能饮用，对井下轨道、金属支架、钢丝绳等金属设备有腐蚀作用。老空水涌出时，常伴有有害气体。

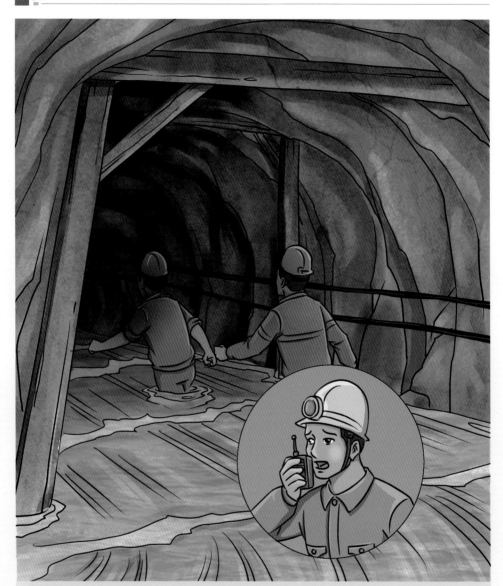

　　（3）井下突然出现透水事故时,应尽快通过各种途径向井下、井上指挥机关报告,以便迅速采取营救措施。应组织人员按预案中安排好的撤退路线进行撤退,不要惊慌失措、各奔东西。万一迷失方向,必须朝有风流通过的上山巷道方向撤退。

　　（4）被水围困或落水后,必须尽可能地保存体力,在水中应漂浮,除了接近高处、可抓靠的物体外,一般不要游泳。在等待救援时,应尽可能地靠拢在一起,互相鼓励,以便于互救、被发现和得到及时的救援。

　　(5) 透水事故发生并有瓦斯喷出可能时,探水人员应戴防护器具,或者在工作地点加强通风,保持空气的新鲜和畅通,不能关闭通风机。

　　(6) 被水隔绝在掌子面或上山巷道的作业人员应尽量避免体力消耗。

　　全体井下人员应做长期坚持的准备,所带干粮集中统一分配;关闭作业人员的矿灯,只留一盏灯供照明使用。

◉ **中暑的自救**

出现中暑前驱症状,如大量出汗、口渴、头晕、耳鸣、胸闷、心悸及全身疲劳时,应立即撤至阴凉处,并补充清凉含盐饮料。

认识矿难

矿难案例

1960 年 5 月 9 日下午 1 时 45 分,山西大同老白洞煤矿 15 号井口喷出强烈的火焰和浓烟,威力不亚于 12 级台风。随即,从 16 号井口也喷出浓烟,井口房屋被摧倒,地面配电所由于掉闸而停止运行;井上、井下电源全部中断,电话交换指示灯一齐闪亮后全部中断电源。此时,正是井下交叉作业时间,交班的职工未上井,接班的职工已下井。两个班的干部、工人全被困在井下,905 名干部、工人生死不明。

山西大同老白洞煤矿大爆炸是新中国成立以来最大的矿难,这次事故死亡 677 人,连同被救出的 228 人中又死亡 5 人,共死亡 682 人。

深刻反思,对生命的漠视是最大的矿难!

矿 难 互 救

　　矿难发生时，在自救的基础上，应在自己力所能及的范围内去帮助他人。此刻您救助他人，下一时刻您可能就是被救助者。矿难的互救三原则是：①对于呼吸、心跳停止的伤员，必须先进行心肺复苏后搬运；②对于出血的伤员，必须先止血后搬运；③对于骨折的伤员，必须先固定后搬运。矿井工作人员平时要进行互救演练。

◉ **冒顶事故后应采取的措施**

(1) 发生冒顶事故后,现场人员应迅速查明冒顶区的范围和被压、被堵人数以及位置,积极组织自救和互救,并设法及时报告调度室。

(2) 尽力保持冒顶区的通风,如一时不能恢复通风,要利用压风管等向被堵人员输送空气。下山巷道要及时采取排水措施。

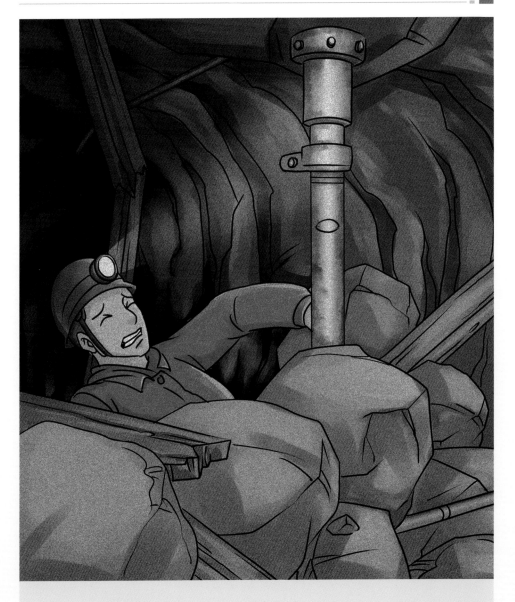

（3）在处理冒顶时，要注意二次冒顶，因此必须加强支护。必要时可开掘通向遇险人员的专用通道。

（4）处理过程中必须小心使用工具，防止伤到遇险人员，遇有大块岩石压住伤者，应用液压支柱将岩石顶起或吊起，不得向外硬拽。

（5）瓦检员要随时检查气体情况，防止瓦斯等气体超限。

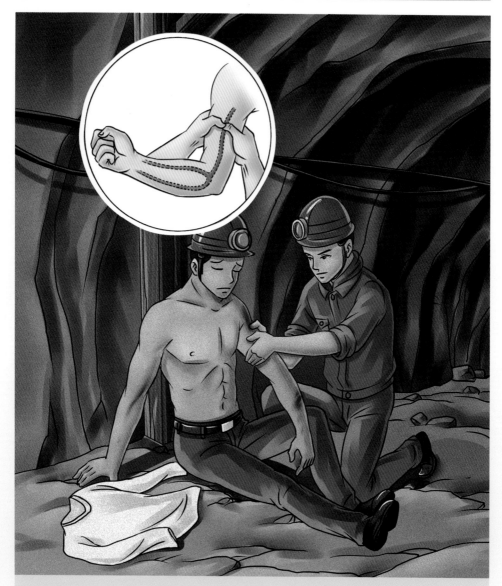

◉ **止血**

　　对伤员的出血伤口应迅速止血,如似喷射状,则为动脉破损,应在伤口上方,即伤口近心端,找到动脉血管(一条或多条),用手或手掌将血管压住止血。如果伤员属四肢受伤,亦可在伤口上端用绳布带等捆扎,松紧程度视出血状态而定,每隔 1~2 小时松开一次进行观测并确定后续处理措施。

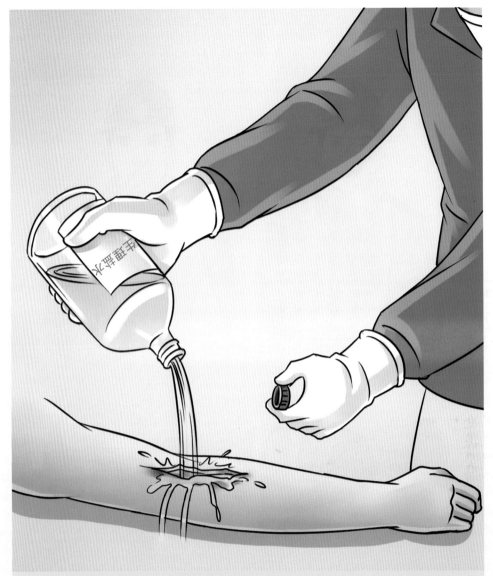

◎ 包扎

　　找到伤口,迅速检查伤情,如条件允许,可先用生理盐水冲洗伤口,再用酒精或碘酒对周围皮肤进行消毒,之后用干净的毛巾、布条等将伤口包扎好。

◉ 骨折

　　对骨折的伤员,应进行临时固定,如没有夹板,可用木棍等代替。固定要领是尽量减少对伤员的搬动,肢体与夹板间要垫平,夹板长度要超过骨折部位上下两关节,并固定绑好,留指尖或趾尖暴露在外。

　　对严重的外伤伤员,在紧急处理的同时,应迅速取得医务人员的帮助,并尽快护送伤员至医院。

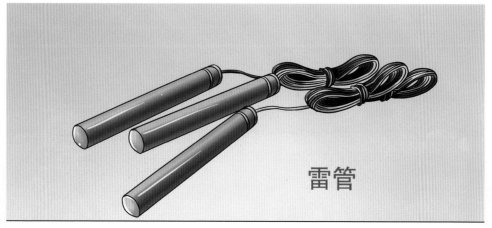

雷管

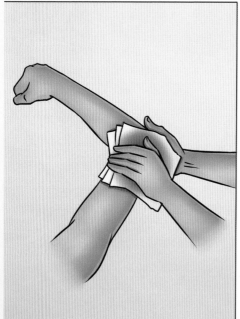
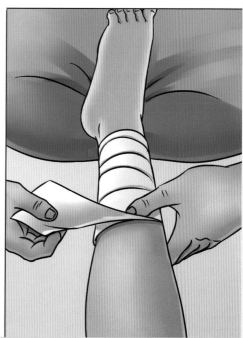

◉ **雷管爆炸**

（1）对轻伤员在现场只做局部外伤的止血、包扎处理，给予心理安慰或治疗。

（2）如为多发性或多部位损伤，首先保持伤员呼吸道畅通，控制出血。

　　（3）疑有脑外伤征象，胸、腹腔大出血者，要抢时间送到距离现场最近的医疗单位，以免救治不及时而危及伤员生命。

　　（4）对心跳、呼吸骤停的伤员，必须在心肺复苏成功后再搬运。

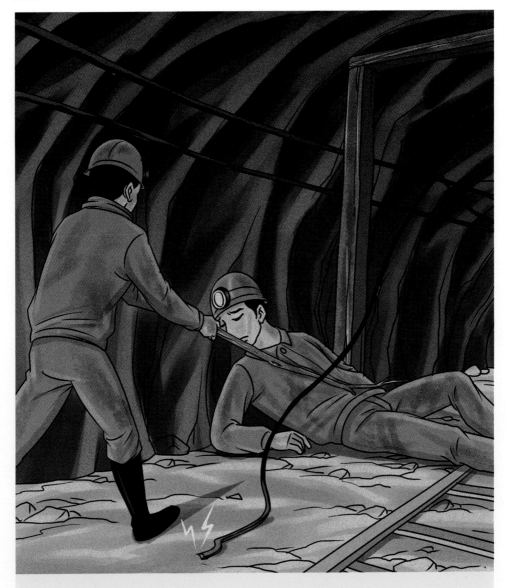

◎ 井下电击

　　施救(矿工)人员在保证自身安全的前提下,必须使用绝缘物,使伤者立即脱离电击状态,如果伤者无反应,应立即进行心肺复苏。如果伤者合并头或颈部创伤,救治中要注意保护脊髓。电击伤通常引起相关的创伤,包括肌肉痉挛、强直引起的骨折和脱位。

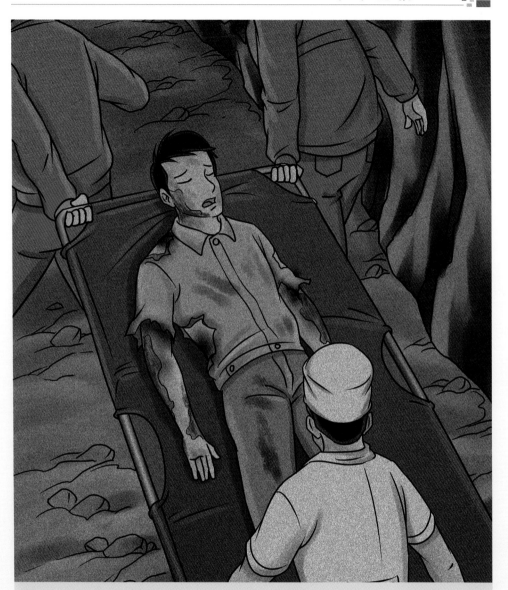

◉ 井下烧伤

（1）当煤矿井下发生烧伤事故后，救护人员应迅速将伤员救出现场，并注意在抢救过程中保护伤员的创面，不要忙于将伤员的衣服脱去或剪开去除，以免损伤和污染创面。另外，救护人员在将伤员送往医院抢救前，应对伤者进行一次全身检查，查看是否有合并损伤。

　　(2) 一般来讲,烧伤一眼就可看到,但其他的损伤有时却难以发现。因此,在搬运伤员时若忽视检查,就会给伤员带来更大的痛苦,甚至会危及伤员的生命安全。若为受爆炸冲击烧伤,救护人员须检查伤员脑部、胸腹腔内脏以及呼吸道是否烧伤。若为化学性烧伤,救护人员还须重视伤员全身中毒的解救。

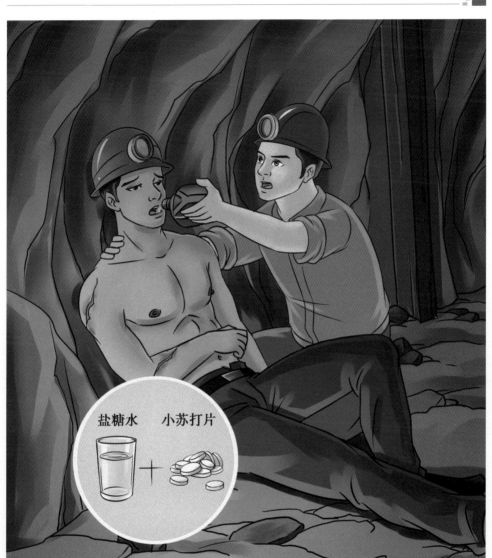

盐糖水　　小苏打片

◉ **冒顶事故**

（1）当伤员脱离危险区，局部受压解除后，应立即固定伤肢，避免活动时导致组织分解物进入血液或增加体液散失。

（2）伤员口渴但不恶心时，可给予少量饮水（水中加入适量糖和盐，有咸甜味即可），并服用小苏打，每次 10～20 片，以预防酸中毒；发现伤员尿少或无尿时，应严格控制饮水，以防发生肺水肿。

（3）受挤压肢体不得按摩、热敷或上止血带，以免加重伤势；如发现伤口出血，应设法止血。

◉ **煤尘爆炸后**

（1）立即检查伤员的脉搏、呼吸及瞳孔,并注意保暖。同时解开伤员领口、放松腰带,口腔如有杂物、痰液、义齿或是呼吸不通畅,应将污物取出,保持呼吸通畅。

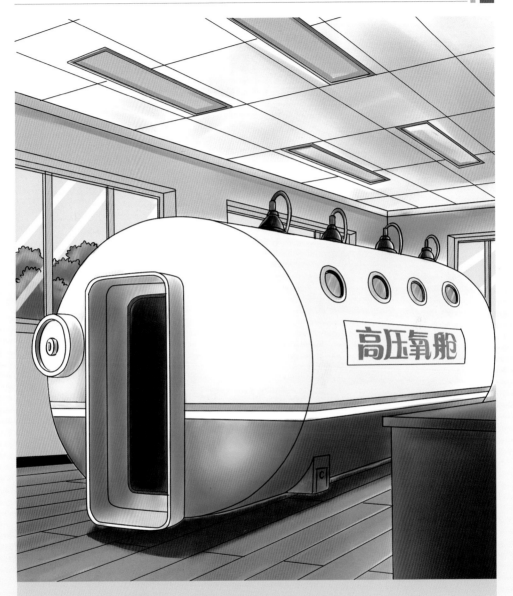

（2）对中毒者要进行保暖，用棉被或毯子将其身体盖起来，有条件时可在中毒者身旁放置热水袋。

（3）如果一氧化碳中毒者呼吸、心跳已停止，应立即进行心肺复苏。一氧化碳中毒伤员到达医院后，宜首选高压氧治疗。

◉ **透水**

　　(1) 尽快将伤员从水中救出,将伤员带离不适的自然环境,立即送到比较温暖和空气流通的地方。

　　(2) 清除口鼻中杂物:迅速将溺水者的湿衣服和腰带解开,清除口鼻中的淤泥、泡沫和呕吐物,保持呼吸道畅通。如有活动义齿,应取出,以免坠入气管内。如果发现溺水者喉部有阻塞物,则可将溺水者脸部转向下方,在其后背用力拍,将阻塞物拍出,使呼吸道畅通。为防止已通畅的呼吸道再次阻塞,可将伤员头部偏向一侧,不要向伤员口中放置任何物品以防伤员再次受伤。

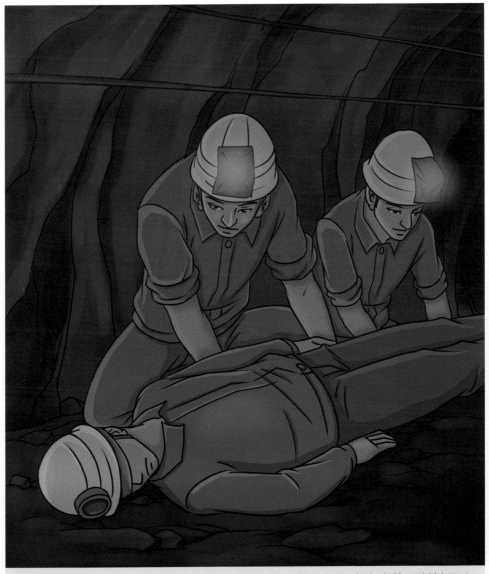

　　(3) 当发现矿井下长时间被困人员时,禁止用头灯强光束直接照射被困人员的眼睛,以避免在强光刺射下瞳孔急剧收缩,造成眼睛的失明。可用红布、纸张、衣服等罩住头灯,使光线减弱;也可以用黑布把被困人员眼睛蒙住,使瞳孔逐渐收缩,待恢复正常后才能见强光。

　　(4) 被水冲击过的伤员,都应视为可能存在脊髓损伤,应对其颈、胸、腰椎给予固定。固定伤员颈部于中立位(无屈无伸),尽量不要翻转伤员。如必须翻转的,应沿长轴保持伤员头、颈、胸、躯体呈直线,小心地将伤员滚木样转至水平仰卧位。

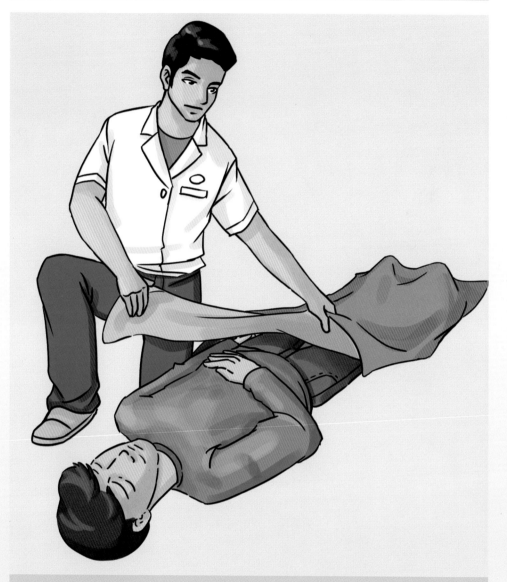

（5）透水后伤员可能存在低温，应予复温。要松开其腰带，脱掉湿衣服，通过用毯子或多层干衣服包裹严实运送出井等方式来保持伤员的体温。

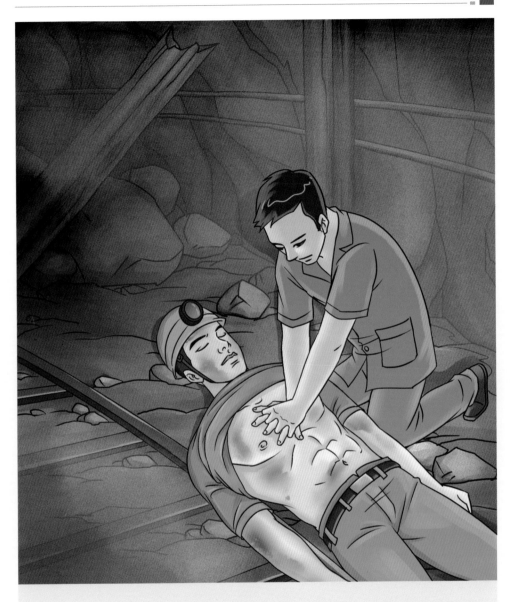

(6) 如判断伤员为呼吸和心跳停止,立即进行心肺复苏。条件许可时,可给伤员吸氧。

◉ 井下中暑

（1）使伤员仰卧，解开其衣领，脱去或松开外套。若衣服被汗水湿透，应更换干衣服，以尽快散热。

（2）对体温升高、乏力、恶心、呕吐、头晕、头痛、脉搏和呼吸加快者，应及时将其抬至通风、阴凉、干燥的地方或空调供冷房间。

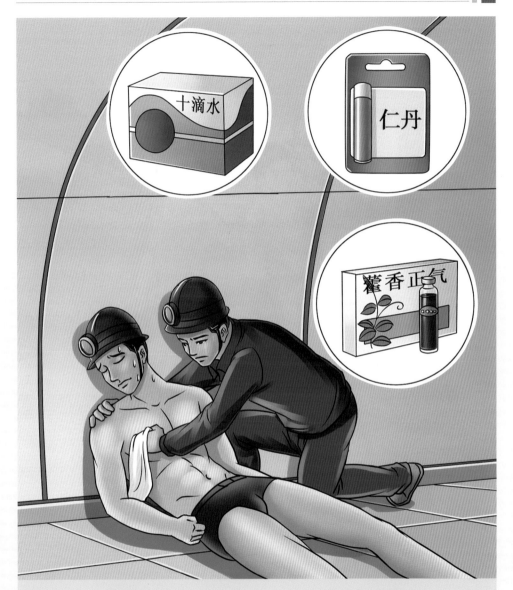

　　(3) 用湿毛巾冷敷伤员头部,同时进行皮肤、肌肉按摩,加速血液循环,促进散热。

　　(4) 意识清醒的伤员或经过降温清醒的伤员,有条件者可饮服仁丹、十滴水和藿香正气水(胶囊)等。

　　只有通过完善管理机制,实施对矿场有序化的管理,禁止违规操作,实施有效监管,完善法律、法规,明确安全责任,严格执法并落实到位,才能保障每位矿工的生命安全。

28